了解全球变暖
谁让地球变暖了

温会会 / 文　曾平 / 绘

浙江摄影出版社
全国百佳图书出版单位

呜
呜
呜……

有一天，小精灵带着小女孩心心，在地球上遨游。突然，心心听到了隐隐约约的哭声。

“呜呜呜……”

“咦，谁在哭呢？”心心问。

心心和小精灵循着哭声传来的方向飞去。她们来到北极，见到了正在哭泣的北极熊。

“呜呜呜……”原来是北极熊在哭。

“北极熊，你怎么了？”心心问。

“哎，地球变暖了！冰川的融化速度越来越快，这导致我的栖息地越来越小，寻找食物也越来越难了。”北极熊哭着说。

“是啊，这么热的天气，我们都睡不着觉了。”另一头北极熊说。

“可怜的北极熊，你知道是谁让地球变暖的吗？”心心问。

“我也想知道。也许是太阳吧，因为阳光能给地球带来温暖。”北极熊答。

心心爬到高高的冰川上，大声喊：“太阳，是你让地球变暖的吗？”

太阳皱起眉头说：“啊，你冤枉我了！”

心心歪着小脑袋问：“那你说说，地球为什么变暖了呢？”

太阳摇摇头说：“我还真不清楚，你去问问天空吧！”

心心大声喊：“天空，是你让地球变暖的吗？”

天空皱起眉头说：“啊，你冤枉我了！”

心心歪着小脑袋问：“那你说说，地球为什么变暖了呢？”

天空认真地分析道：“地球变暖是因为二氧化碳等温室气体变多了，它们就像一层厚厚的毯子包裹着地球，不让热量散失。你去看看是谁排放了温室气体吧！”

心心和小精灵离开北极，路过了一个大大的牧场。

心心见到正在喘气的老牛，大声喊：“老牛，是你让地球变暖的吧？”

老牛皱起眉头说：“啊，你冤枉我了！”

心心歪着小脑袋问：“那你说说，地球为什么变暖了呢？”

老牛甩着尾巴说：“我虽然会产生温室气体，但是人类的工厂和汽车的排放量更大啊！”

心心和小精灵离开牧场，来到了工厂。

心心看到冒着浓烟的工厂，大声喊：“工厂，是你让地球变暖的吧？”

工厂皱起眉头说：“啊，你冤枉我了！”

心心歪着小脑袋问：“那你说说，地球为什么变暖了呢？”

工厂指着肚子说：“我们要生产人类所需要的东西，必须燃烧煤炭，温室气体是因为它们才产生的。”

心心和小精灵离开工厂，来到了马路上。

心心见到排放废气的汽车，大声喊：“汽车，是你让地球变暖的吧？”

汽车皱起眉头说：“啊，你冤枉我了！”

心心歪着小脑袋问：“那你说说，地球为什么变暖了呢？”

汽车指着发动机说：“我们得使用石油等燃料，才能在路上行驶。可是，石油一燃烧，温室气体也就随之产生了。”

心心和小精灵离开马路，来到了采矿场。

心心生气地喊：“石油、煤炭，是你们让地球变暖的吧？”

石油和煤炭无奈地说：“其实，森林要是能把我们产生的温室气体吃掉，地球就不会变暖了。”

心心和小精灵离开采矿场，进入了森林。

心心见到绿油油的森林，大声喊：“森林，你为什么不把温室气体全部吃掉呀？”

森林皱着眉头说：“我没办法吃掉这么多的温室气体啊！人类为了建造更多的房子、生产纸张等商品，总是随意砍伐树木。所以，我的身体正在渐渐缩小。”

心心环顾四周，终于知道是谁让地球变暖了。

心心跟随小精灵的脚步，再次来到了北极。

“你知道是谁让地球变暖了吗？”北极熊着急地问。

“对不起，是人类。”心心难过地说。

小朋友，全球变暖会带来许多危害，我们要好好保护环境哟！

责任编辑 陈 一
文字编辑 徐 伟
责任校对 朱晓波
责任印制 汪立峰

项目设计 北视国

图书在版编目（CIP）数据

了解全球变暖 ： 谁让地球变暖了 / 温会会文 ； 曾平绘 . -- 杭州 ： 浙江摄影出版社， 2022.8
（科学探秘·培养儿童科学基础素养）
ISBN 978-7-5514-4033-2

Ⅰ . ①了… Ⅱ . ①温… ②曾… Ⅲ . ①全球变暖－儿童读物 Ⅳ . ① X16-49

中国版本图书馆 CIP 数据核字 (2022) 第 127785 号

LIAOJIE QUANQIUBIANNUAN：SHUI RANG DIQIU BIANNUAN LE

了解全球变暖：谁让地球变暖了

（科学探秘·培养儿童科学基础素养）

温会会 / 文 曾平 / 绘

全国百佳图书出版单位
浙江摄影出版社出版发行

地址： 杭州市体育场路 347 号
邮编： 310006
电话： 0571-85151082
网址： www.photo.zjcb.com
制版： 北京北视国文化传媒有限公司
印刷： 唐山富达印务有限公司
开本： 889mm×1194mm 1/16
印张： 2
2022 年 8 月第 1 版 2022 年 8 月第 1 次印刷
ISBN 978-7-5514-4033-2
定价： 39.80 元